"La vida es 50 % aptitud y 50 % actitud."
Yusnier Viera.

Curso Básico de Cálculo Mental

Yusnier Viera

www.matematicapicante.com

Índice

1. Multiplicaciones y divisiones simples.

Es nuestro objetivo que los niños, jóvenes y adultos se interesen en el aprendizaje del cálculo en las Matemáticas. Con este curso aprenderás formas no tradicionales para calcular multiplicaciones y divisiones haciendo que puedas resolver cualquier cálculo matemático más rápidamente y con eficacia, tanto en la vida práctica, como en cualquier situación que se te presente.

A veces nos demoramos en realizar un cálculo o lo hacemos mecánicamente, sin tener la seguridad de que el resultado sea correcto o incluso, en ocasiones, nos auxiliamos de una calculadora.

Con este curso que ponemos a tu alcance, pretendemos desarrollar habilidades con las cuales podrás realizar estas operaciones matemáticas de una forma ágil y sencilla, podrás ejercitar y adquirir destreza en el cálculo numérico y mental.

1.1. Multiplicación por potencias de 10.

Cuando queremos multiplicar números de varias cifras o números decimales, nos podemos auxiliar de cálculos matemáticos sencillos y obtener el resultado de una forma rápida. Veamos algunos aspectos a tener en cuenta.

Cuando multiplicamos por 10 es bien simple obtener el resultado. Veamos el ejemplo:
Ej. $26 \cdot 10 = 260$ (Multiplicar por 10 es equivalente a agregar un cero al otro número).

Si multiplicamos por 1000 es igual de simple:
Ej. $43 \cdot 1000 = 43000$ (Multiplicar por 1000 es equivalente a agregar tres ceros al otro número).

En general, cuando multiplicamos por la unidad seguida de ceros se obtiene el resultado agregando al número los ceros que tiene el número por el que se multiplica.

Ej. $3567 \cdot 10000 = 35670000$

En el caso de que el número tenga parte decimal, entonces:
Ej. $135{,}478 \cdot 10000 = 1354780$
Como el número tiene tres cifras decimales se agrega sólo un cero.

Es notable lo simple que resulta multiplicar por una potencia de 10. ¿Te has preguntado por qué?

Es simple porque el sistema que usamos para representar los números es el sistema **decimal**, que está compuesto por 10 dígitos: 0, 1, 2, 3, 4, 5, 6, 7, 8, 9.

1.2. División por potencias de 10.

De igual manera te imaginarás que será también extremadamente sencillo dividir por potencias de 10.

Por ejemplo:
$\frac{36}{10} = 3{,}6$ (equivalente a mover el decimal un lugar a la izquierda).

$\frac{23}{1000} = 0,023$ (equivalente a mover el decimal tres lugares a la izquierda).

Dividir por 10 es igual de simple debido a nuestro sistema decimal. Ahora te propondremos realizar otros cálculos aprovechando las ventajas de este sistema.

1.3. ¿Cómo multiplicar haciendo divisiones?

1.3.1. ¿Cómo multiplicar por 5?

Regla de multiplicación por 5:

$$5N = \frac{N}{2} \cdot 10 \tag{1}$$

Al multiplicar por 5 obtenemos igual resultado si dividimos por 2 y luego multiplicamos por 10 o viceversa, pues $\frac{10}{2} = 5$. Si aplicamos esta regla veremos que será mucho más fácil el cálculo.

Ejemplo 1:

$14 \cdot 5 = \frac{14}{2} \cdot 10 = 7 \cdot 10 = 70$

El resultado de la multiplicación de 14 . 5 es igual a 70.

Ejemplo 2:

$222 \cdot 5 = \frac{222}{2} \cdot 10 = 111 \cdot 10 = 1110$

En resumen, cuando multiplicamos un número por 5 lo dividimos por 2, o sea, le hallamos la mitad y después le agregamos un cero y ese es el resultado final.

Ahora bien, parece ser que multiplicar por 5 es relativamente fácil. Esencialmente consiste en dividir por 2 y luego multiplicar por 10. Como hemos visto anteriormente la parte de multiplicar por 10 es sencillamente natural debido a nuestro sistema decimal. Pero... ¿Existirá un algoritmo sencillo para dividir por 2, de manera que pueda acelerar el cálculo al multiplicar por 5? Afortunadamente la respuesta es afirmativa.

1.3.2. ¿Cómo dividir por 2?

Ejemplo 1:

$\frac{2468}{2} = \ldots$

El método es sencillo. Tomamos el primer dígito de la izquierda y lo dividimos por 2:

$\frac{2468}{2} = 1 \ldots$

Luego tomamos el segundo dígito de la izquierda y lo dividimos por 2:

$\frac{2468}{2} = 12\ldots$

Y así sucesivamente hasta el último dígito:

$\frac{2468}{2} = 1234$

La respuesta es 1234.

Como es notable, fue extremadamente sencillo. Seguramente ya se han preguntado... ¿Qué pasa si el dígito que tengo que dividir por 2 es impar? En ese caso hay que hacer un pequeño ajuste.

Ejemplo 2:

$\frac{652}{2} = \ldots$

Se toma el primer dígito de la izquierda, que es el 6, y lo dividimos por 2:

$\frac{652}{2} = 3\ldots$

Luego tomamos el segundo dígito y nos damos cuenta que es número impar. Entonces:

$\frac{652}{2} = 3\ldots$ Se le resta 1 al segundo dígito que es el 5 y se le suma 10 al próximo dígito (el 5 se convierte en 4 y el próximo dígito que es el 2 se convierte en 12).

Y seguimos el procedimiento:

$\frac{64(12)}{2} = 3\ldots$

$\frac{64(12)}{2} = 32\ldots$ luego le hallamos la mitad al próximo dígito que sería el 12, la mitad de 12 es 6.

$\frac{64(12)}{2} = 326$

Por tanto, la respuesta final sería:

$\frac{652}{2} = \mathbf{326}$

Ejemplo 3:

$\frac{78934}{2} = \ldots$

Se nota que el dígito 7 es impar, entonces:

$\frac{78934}{2}$ Se le resta 1 al 7 y se suma 10 al próximo dígito

$\frac{6(18)934}{2} = 3\ldots$

$\frac{6(18)934}{2} = 39 \ldots$ La mitad de 18 es 9.

$\frac{6(18)\not{9}34}{2} = 39 \ldots$ El dígito 9 es impar, entonces

$\frac{6(18)8(13)4}{2} = 394 \ldots$

$\frac{6(18)8(\not{13})4}{2} = 394 \ldots$ El número 13 es impar, entonces

$\frac{6(18)8(12)(14)}{2} = 3946 \ldots$

$\frac{6(18)8(12)(14)}{2} = 39467$

Por tanto:

$$\frac{78934}{2} = \mathbf{39467}$$

Ejemplo 4:

$\frac{62347}{2}$

$\frac{62347}{2} = 3 \ldots$

$\frac{62347}{2} = 31 \ldots$

$\frac{62\not{3}47}{2} = 31 \ldots$ El dígito 3 es impar, entonces

$\frac{622(14)7}{2} = 311 \ldots$

$\frac{622(14)7}{2} = 3117 \ldots$

$\frac{622(14)\not{7}}{2} = 3117 \ldots$ El dígito 7 es impar y es el último, entonces

$\frac{622(14)6,(10)}{2} = 31173, \ldots$ Como no había próximo dígito se asume que era 0 pues 62347=62347,0.

$\frac{622(14)6,(10)}{2} = 31173,5$

Por tanto:

$$\frac{62347}{2} = \mathbf{31173,5}$$

1.3.3. Volvamos a la multiplicación por 5.

Ahora que sabemos cómo dividir por 2 estamos listos para realizar cualquier multiplicación por 5. Les recordamos una vez más la regla de multiplicación por 5:

$$5N = \frac{N}{2} \cdot 10 \tag{2}$$

Ejemplo:

365 . 5 — Primero se divide por 2 y luego se multiplica por 10.

$\frac{\cancel{3}65}{2} = \ldots$

$\frac{2(16)5}{2} = 1 \ldots$

$\frac{2(16)5}{2} = 18 \ldots$

$\frac{2(16)\cancel{5}}{2} = 18 \ldots$

$\frac{2(16)4,(10)}{2} = 182, \ldots$

$\frac{2(16)4,(10)}{2} = 182, 5$

Luego se multiplica por 10:
182,5 . 10 = 1825 Entonces,

365 . 5 = 1825

Veamos otros ejemplos, ahora con números decimales.

Ejemplo 1:

73,266 . 5 = ...

$\frac{\cancel{7}3,266}{2} = \ldots$

$\frac{6(13),266}{2} = 3 \ldots$

$\frac{6(\cancel{13}),266}{2} = 3 \ldots$

$\frac{6(12),(12)66}{2} = 36, \ldots$

$\frac{6(12),(12)66}{2} = 36, 6 \ldots$

$\frac{6(12),(12)66}{2} = 36, 63 \ldots$

$$\frac{6(12).(12)66}{2} = 36,633$$

$36,633.10 = 366,33$ Entonces,

$73,266.5 = 366,33$

Ejemplo 2:

$324,6 \cdot 5 = \frac{324,6}{2} \cdot 10 = 162,3 \cdot 10 = 1623$

Ejemplo 3:

$24,86 \cdot 5 = \frac{24,86}{2} \cdot 10 = 12,43 \cdot 10 = 124,3$

Ejemplo 4:

$0,0082 \cdot 5 = \frac{0,0082}{2} \cdot 10 = 0,0041 \cdot 10 = 0,041$

En estos ejemplos que acabamos de ver, lo primero que hacemos es dividir por el número 2 y luego corremos la coma decimal un lugar a la derecha del número obtenido, que es lo mismo que decir que multiplicamos por 10 el número obtenido en el primer paso.

Ahora les proponemos algunos ejercicios que podrán realizar de forma individual, aplicando lo aprendido.

Ejercicios:

a) $825 \cdot 5 =$
b) $42362 \cdot 5 =$
c) $3242446 \cdot 5 =$
d) $102 \cdot 5 =$
e) $1004 \cdot 5 =$
f) $305,4 \cdot 5 =$
g) $1084,24 \cdot 5 =$
h) $0,42 \cdot 5 =$
i) $14,87 \cdot 5 =$
j) $14,846 \cdot 5 =$

1.3.4. ¿Cómo multiplicar por 25?

Al multiplicar un número cualquiera por 25; obtenemos igual resultado si dividimos dicho número por 4 y luego el resultado lo multiplicamos por 100. Tenga en cuenta que $\frac{100}{4} = 25$. Aquí le proponemos la regla a seguir al multiplicar por 25:

$$25N = \frac{N}{4} \cdot 100 \qquad\qquad (3)$$

Ejemplos:

$48 \cdot 25 = \frac{48}{4} \cdot 100 = 12 \cdot 100 = 1200$

$12 \cdot 25 = \frac{12}{4} \cdot 100 = 3 \cdot 100 = 300$

$840 \cdot 25 = \frac{840}{4} \cdot 100 = 210 \cdot 100 = 21000$

A manera de resumen, podemos decir que, si queremos multiplicar un número por 25, lo dividimos por 4 y luego le agregamos dos ceros y obtenemos el resultado.

$32 \cdot 25 = \ldots$

$\frac{32}{4} = 8$ — Dividimos por 4 el número.

$8 \cdot 100 = 800$ — Agregamos dos ceros al número.

Les proponemos otros ejemplos, pero en este caso, con números decimales.

Ejemplo 1:

$48{,}04 \cdot 25 = \frac{48{,}04}{4} \cdot 100 = 12{,}01 \cdot 100 = 1201$

Ejemplo 2:

$32{,}8 \cdot 25 = \frac{32{,}8}{4} \cdot 100 = 8{,}2 \cdot 100 = 820$

Ejemplo 3:

$164{,}24 \cdot 25 = \frac{164{,}24}{4} \cdot 100 = 41{,}06 \cdot 100 = 4106$

Ejemplo 4:

$0{,}00128 \cdot 25 = \frac{0{,}00128}{4} \cdot 100 = 0{,}00032 \cdot 100 = 0{,}032$

En la práctica, mentalmente, dividimos por 4 y después multiplicamos por 100, o sea, agregamos dos ceros si el número es entero, o se corre la coma dos lugares a la derecha si es un número decimal.

Realice algunos ejercicios, aplicando los conocimientos adquiridos.

Multiplica por 25 cada uno de los siguientes números:

a) 16
b) 52
c) 124
d) 400
e) 24,48
f) 12,24

1.3.5. ¿Cómo multiplicar por 12,5?

Multiplicar por 12,5 es igual a dividir por el número 8 y luego multiplicar por 100.

$$12{,}5N = \frac{N}{8} \cdot 100 \qquad (4)$$

Ejemplo 1:

$56 \cdot 12{,}5 = \frac{56}{8} \cdot 100 = 7 \cdot 100 = 700$

Ejemplo 2:

$168 \cdot 12{,}5 = \frac{168}{8} \cdot 100 = 21 \cdot 100 = 2100$

Resolvamos ahora los ejercicios más rápidamente.

Ejemplo 3:

$48 \cdot 12{,}5 = 6 \cdot 100 = 600$

Ejemplo 4:

$3288 \cdot 12{,}5 = 411 \cdot 100 = 41100$

Ejemplo 5:

6448 . 12,5 = 806 . 100 = 80600

Debes tener en cuenta, en este último ejemplo, al dividir por 8 que:

$\frac{64}{8} = 8$ y al continuar realizando la división, el número 4 no es divisible por 8 en los números naturales, entonces, se coloca un cero en el cociente para continuar dividiendo y sería 48 dividido por 8.

En la práctica, al multiplicar un número por 12,5 lo dividimos por 8 y después le movemos el decimal dos lugares a la derecha.

16 . 12,5 = ...

$\frac{16}{8} = 2$ — Divido el número por 8.

2 . 100 = 200 — Agrego dos ceros al número.

Les propongo multiplicar 12,5 por números decimales.

Ejemplo 1:

$32,88 . 12,5 = \frac{32,88}{8} .100 = 4,11 . 100 = 411$

Ejemplo 2:

$720,8 . 12,5 = \frac{720,8}{8} . 100 = 90,1 . 100 = 9010$

Como hemos visto lo que hacemos es realizar la división por 8 y después correr la coma dos lugares a la derecha del número.

Ejemplo 3:

24,72 . 12,5 =

$\frac{24,72}{8} = 3,09$ — Dividimos el número por 8.

3,09 . 100 = 309 — Al multiplicar por 100 se corre la coma decimal dos lugares a la derecha.

A continuación les proponemos que resuelvan los siguientes ejercicios, aplicando la regla estudiada.

Multiplica por 12,5 los siguientes números:

a) 24
b) 48
c) 32
d) 72
e) 3248
f) 7288
g) 16,96
h) 248,4

Es muy importante que realice todos los ejercicios, pues le ayudarán a desarrollar habilidades y adquirir destreza para resolverlos mentalmente.

1.4. ¿Cómo multiplicar por otros números?

1.4.1. Multiplicación por 11.

Multiplicar por 11 un número de dos cifras es bien sencillo. Describamos el proceso:

$35 \cdot 11 = 3\ 5$ — escribimos el número 35 dejando un espacio al dígito del medio.

Para calcular el dígito del medio sumamos los dígitos de las esquinas. Como tenemos que 3+5=8 entonces,

$35 \cdot 11 = 3(3+5)5$

$35 \cdot 11 = 385$

Sencillo ¿verdad? Probemos otros ejemplos:

$42 \cdot 11 = 4(4+2)2$

$42 \cdot 11 = 462$

Hagámoslo directamente:

$54 \cdot 11 = 594$

$17 \cdot 11 = 187$

Ahora bien. ¿Qué pasa cuando la suma de los dígitos en las esquinas da como resultado un número de dos cifras? Veamos el siguiente ejemplo:

$39 \cdot 11 = 3(3+9)9$

$39 \cdot 11 = 3(12)9$

$39 \cdot 11 = \cancel{3}(\cancel{12})9$ — El 12 se convierte en 2 y se le suma 1 al dígito anterior.

$39 \cdot 11 = 429$

Así mismo tenemos que:

$85 \cdot 11 = 8(13)5$

$85 \cdot 11 = 935$

Hagámoslo directamente:

$68 \cdot 11 = 748$

$77 \cdot 11 = 847$

$95 \cdot 11 = 1045$

Ahora le proponemos al lector que realice los siguientes ejercicios por sí mismo.

a) $26 \cdot 11 =$
b) $45 \cdot 11 =$
c) $83 \cdot 11 =$
d) $64 \cdot 11 =$
e) $78 \cdot 11 =$
f) $96 \cdot 11 =$

Quizás te estás preguntando... ¿Cómo podré multiplicar cualquier número por 11? Encontrarás la respuesta próximamente.

Ejemplo 1:

$12345 \cdot 11 = \ldots$

$1234\cancel{5} \cdot 11 = \ldots 5$ Empezamos escribiendo el primer dígito de la derecha.

$123\cancel{45} \cdot 11 = \ldots (4+5)5$ Ahora empezaremos a sumar cada nuevo par de dígitos.

123~~45~~ . 11 = . . .95

12~~345~~ . 11 = . . .(3+4)95

12~~345~~ . 11 = . . .795

1~~2345~~ . 11 = . . .(2+3)795

1~~2345~~ . 11 = . . .5795

~~12345~~ . 11 = . . .(1+2)5795

~~12345~~ . 11 = . . .35795

~~12345~~ . 11 = 135795 Finalmente escribimos el dígito de la izquierda y terminamos.

Por tanto:

12345 . 11 = 135795

Ahora bien. ¿Qué pasa si alguna suma me da un número de dos cifras?

Ejemplo 2:

267 . 11 = . . .

26~~7~~ . 11 = . . .7

2~~67~~ . 11 = . . .(6+7)7 Ahora la suma da un número de dos cifras, pues 6+7=13

2~~67~~ . 11 = . . .37 Escribimos solamente el 3 y mentalmente llevamos 1 al próximo paso

~~267~~ . 11 = . . .(2+6+1)37 Sumamos 2+6 y sumamos 1 del paso anterior.

~~267~~ . 11 = . . .937 Recuerda que aún no hemos terminado, falta el dígito de la izquierda.

~~267~~ . 11 = 2937 Finalmente escribimos el dígito de la izquierda y terminamos.

Por tanto:

267 . 11 = 2937

Ejemplo 3:

7483904 . 11 = ...

748390~~4~~ . 11 = ...4

74839~~04~~ . 11 = ...(0+4)4

74839~~04~~ . 11 = ...44

7483~~904~~ . 11 = ...(9+0)44

7483~~904~~ . 11 = ...944

748~~3904~~ . 11 = ...(3+9)944   3+9=12, se escribe el 2 y se lleva 1 al próximo paso.

74~~83904~~ . 11 = ...(8+3+1)2944   8+3+1=12, se escribe el 2 y se lleva 1 al próximo paso.

7~~483904~~ . 11 = ...(4+8+1)22944   4+8+1=13, se escribe el 3 y se lleva 1 al próximo paso.

~~7483904~~ . 11 = ...(7+4+1)322944   7+4+1=12, se escribe el 2 y se lleva 1 al próximo paso.

~~7483904~~ . 11 = (7+1)2322944 — Se escribe el dígito de la izquierda sumándole 1 del paso anterior.

~~7483904~~ . 11 = 82322944

Por tanto:

7483904 . 11 = 82322944

Para un profundo conocimiento del algoritmo, alentamos al lector a resolver los siguientes ejercicios:

g) 429 . 11 =
h) 62937 . 11 =
i) 84703 . 11 =
j) 3904168265 . 11 =

1.4.2. Multiplicación por múltiplos de 11.

Ahora que conocemos cómo multiplicar cualquier número por 11, trataremos de encontrar un método general para multiplicar por cualquier múltiplo de 11.

Los primeros múltiplos positivos de 11 son:
11; 22; 33; 44; 55; 66; 77; 88; 99

En estos momentos ya sabemos cómo se multiplica por 11, pero... ¿Cómo se multiplica por 22, por 33, por 44, etc? Afortunadamente tenemos respuesta para esa interrogante.

El algoritmo que utilizaremos será similar al de la multiplicación por 11 explicado anteriormente. Supongamos que queremos multiplicar por 33. El algoritmo será exactamente el mismo empleado anteriormente, con la única excepción de que en cada paso hay que multiplicar por 3, pues $33 = 3 \cdot 11$

Ejemplo 1:

$342 \cdot 33 = \ldots$

$342 \cdot 33 = \ldots 6$ — Escribimos el dígito de la derecha multiplicado por 3.

$342 \cdot 33 = \ldots 86$ $(4+2).3 = 18$, escribimos el 8 y llevamos 1 al próximo paso.

$342 \cdot 33 = \ldots 286$ $(3+4).3 + 1 = 22$, escribimos el 2 y llevamos 2 al próximo paso.

$342 \cdot 33 = 11286$ $3.3 + 2 = 11$, que es el último paso.

Por tanto:

$342 \cdot 33 = 11286$

Ejemplo 2:

$643 \cdot 88 =$

$643 \cdot 88 = \ldots 4$ $8.3=24$, escribimos 4 y llevamos 2 al próximo paso.

$643 \cdot 88 = \ldots 84$ $(4+3).8 + 2 = 58$, escribimos 8 y llevamos 5 al próximo paso.

$643 \cdot 88 = \ldots 584$ $(6+4).8 + 5 = 85$, escribimos 5 y llevamos 8 al próximo paso.

$643 \cdot 88 = 56584$ $6.8 + 8 = 56$.

Por tanto:

$643 \cdot 88 = 56584$

Ejemplo 3:

35048 . 44 = ...

35048 . 44 = ...2   8.4=32, escribimos 2 y llevamos 3 al próximo paso.

35048 . 44 = ...12   (4+8).4 + 3 = 51, escribimos 1 y llevamos 5 al próximo paso.

35048 . 44 = ...112   (4+0).4 + 5 = 21, escribimos 1 y llevamos 2 al próximo paso.

35048 . 44 = ...2112   (5+0).4 + 2 = 22, escribimos 2 y llevamos 2 al próximo paso.

35048 . 44 = ...42112   (3+5).4 + 2 = 34, escribimos 4 y llevamos 3 al próximo paso.

35048 . 44 = 1542112   3.4 + 3 = 15.

Por tanto:

35048 . 44 = 1542112

Proponemos los siguientes ejercicios para trabajo individual:

a) 718 . 22 =
b) 6603 . 55 =
c) 38247 . 77 =
d) 5082643 . 99 =

1.4.3. Multiplicación por múltiplos de 9.

Multiplicar por 9; 18; 27; 36; 45; 54; 63; 72; 81 es igual a multiplicar por:

$(10 - 1)$, $(20 - 2)$, $(30 - 3)$, $(40 - 4)$, $(50 - 5)$, $(60 - 6)$, $(70 - 7)$, $(80 - 8)$, $(90 - 9)$, respectivamente.

Ejemplo 1:

123 . 27 = 123 . $(30 - 3)$ — Si aplicamos la propiedad distributiva, obtenemos:
= 123 . 30 – 123 . 3
= (123 . 3) . 10 – 123 . 3
= 369 . 10 – 369
= 3690 – 369
= 3321

Ejemplo 2:

— Ahora los vamos a resolver de una manera más directa.

28 . 36 = 28 . (40 – 4)
= 28 . 40 – 28 . 4
= 1120 – 112
= 1008

Ejemplo 3:

32 . 45 = 32 . (50 – 5)
= 1600 – 160 — Aquí aplicamos la propiedad distributiva y calculamos el resultado mentalmente
= 1440

Ejemplo 4:

14 . 18 = 14 . (20 – 2)
= 280 – 28
= 252

Ejemplo 5:

32 . 81 = 32 . (90 – 9)
=2880 – 288
=2592

Ejemplo 6:

35 . 54 = 35 . (60 – 6)
= 2100 – 210
= 1890

Hemos podido ver con todos estos ejemplos que, al aplicar la propiedad distributiva, sólo se necesita realizar la multiplicación del segundo término, ya que el primer término es igual al segundo pero añadiendo un cero, lo cual es equivalente a multiplicarlo por 10. El resultado de la multiplicación es igual a la diferencia entre estos dos números.

Es muy importante que recuerdes que multiplicar por:

9 es igual a multiplicar por (10 – 1)
18 es igual a multiplicar por (20 – 2)
27 es igual a multiplicar por (30 – 3)
36 es igual a multiplicar por (40 – 4)
45 es igual a multiplicar por (50 – 5)

54 es igual a multiplicar por (60 – 6)
63 es igual a multiplicar por (70 – 7)
72 es igual a multiplicar por (80 – 8)
81 es igual a multiplicar por (90 – 9)

Debes recordar estas igualdades y así podrás aplicar los procedimientos de cálculo antes estudiados.

Ejemplo 1:

23 . 18 = 460 – 46 — Ya que conoces que 18 = 20 – 2
= 414

Ejemplo 2:

330 . 27 = 9900 – 990 — Debido a que 27 = 30 – 3
= 8910

Te proponemos que realices los ejercicios a continuación.

Multiplicar:

a) 18 . 45 =
b) 21 . 54 =
c) 15 . 63 =
d) 34 . 27 =
e) 92 . 36 =
f) 43 . 45 =
g) 14 . 54 =
h) 23 . 63 =
i) 54 . 72 =
j) 35 . 81 =
k) 320 . 27 =
l) 121 . 45 =
m) 184 . 45 =
n) 143 . 36 =

YA ESTÁS EN CONDICIONES DE RESOLVER MULTIPLICACIONES UTILIZANDO LOS MECANISMOS ESTUDIADOS.

Multiplica y aplica lo aprendido:

1) 385 . 5 =
2) 436 . 5 =
3) 38,46 . 5 =
4) 602,8 . 5 =

5) 488,4 . 5 =
6) 2084,64 . 5 =
7) 720 . 25 =
8) 64 . 25 =
9) 16,88 . 25 =
10) 32 . 12,5 =
11) 16 . 12,5 =
12) 111 . 27 =
13) 26 . 36 =
14) 44 . 63 =
15) 14 . 18 =
16) 143 . 45=
17) 26 . 54 =
18) 32 . 72 =
19) 48 . 81 =
20) 184 . 27 =
21) 143 . 18 =

Con los conocimientos que has adquirido puedes multiplicar mentalmente cualquier número, comenzando primero por operaciones sencillas hasta llegar a realizar las más complejas, y con la práctica lo podrás hacer cada día con mayor rapidez.

1.5. ¿Cómo dividir haciendo multiplicaciones?

En este epígrafe aprenderás a dividir más rápido y con precisión, e incluso mentalmente; cualquiera que fuese la cantidad de dígitos que tenga el número.

Te enseñaremos algunos algoritmos que harán que puedas prescindir del uso de la calculadora, ya que conociéndolos podrás realizar los cálculos con agilidad y ejercitar la memoria. Sólo tienes que conocer los cálculos básicos que aprendiste en tus primeros años de estudios.

Es nuestro objetivo que aprendas a calcular rápido y seguro.

1.5.1. ¿Cómo dividir por 5?

Dividir por 5 es lo mismo que multiplicar por 2 y luego dividir por 10.

$$\frac{N}{5} = \frac{2N}{10} \tag{5}$$

Por ejemplo. Divide:

$$\frac{14}{5} = (14 \cdot 2) : 10 = 28 : 10 = 2,8$$

Te proponemos los siguientes ejemplos para analizar el algoritmo:

Ejemplo 1:

$$\frac{111}{5} = \ldots$$

$111 \cdot 2 = 222$ — Primero multiplicas por 2.

$\frac{222}{10} = 22,2$ — Al dividir por 10 se corre la coma decimal un lugar a la izquierda.

Luego el resultado final es 22,2.

Ejemplo 2:

$$\frac{143210}{5} = \ldots$$

$143210 \cdot 2 = 286420$

$\frac{286420}{10} = 28642$

Ejemplo 3:
Trata de resolverlo mentalmente.

$$\frac{234}{5} = \ldots$$

468 — Multiplico por 2.

$46,8$ — Divido el número por 10.

El resultado es 46,8.

Utilizando este mismo procedimiento realizaremos la división por 5, pero también con números decimales.

Recuerda que primero multiplicas por 2 y luego divides por 10.

Ejemplo 1:

$\frac{4,8}{5} = \ldots$

$4,8 \cdot 2 = 9,6$ — Multiplico el número por 2.

$\frac{9,6}{10} = 0,96$ — Al dividir por 10 se corre la coma decimal un lugar a la izquierda.

El resultado es 0,96.

Ejemplo 2:

$\frac{81,3}{5} = (81,3 \cdot 2) : 10 = 162,6 : 10 = 16,26$

Ejemplo 3:

$\frac{34,3}{5} = (34,3 \cdot 2) : 10 = 68,6 : 10 = 6,86$

Ahora bien, parece ser que dividir por 5 es relativamente fácil. Esencialmente consiste en multiplicar por 2 y luego dividir por 10. Como hemos visto anteriormente la parte de dividir por 10 es sencillamente natural debido a nuestro sistema decimal. Pero... ¿Existirá un algoritmo sencillo para multiplicar por 2, de manera que pueda acelerar el cálculo al dividir por 5? Afortunadamente la respuesta es afirmativa.

1.5.2. ¿Cómo multiplicar por 2?

Ejemplo 1:

$1234 \cdot 2$

El método es sencillo. Tomamos el primer dígito de la izquierda y lo multiplicamos por 2:

$1234 \cdot 2 = 2\ldots$

Luego tomamos el segundo dígito de la izquierda y lo multiplicamos por 2:

$1234 \cdot 2 = 24\ldots$

Y así sucesivamente hasta el último dígito:

$1234 \cdot 2 = 2468$

La respuesta es 2468.

Como se observó, fue extremadamente sencillo. Seguramente ya se han preguntado, que pasa si al multiplicar el dígito obtengo un número de dos cifras. En ese caso hay que hacer un pequeño ajuste.

Ejemplo 2:

392 . 2

Se toma el primer dígito de la izquierda, que es el 3, y lo multiplicamos por 2.

392 . 2 = 6...

Luego tomamos el segundo dígito y lo multiplicamos por 2. Entonces:

392 . 2 = 6(18)... Como se nota, el 18 tiene dos cifras, por tanto se le resta 10 y se suma 1 al dígito anterior del resultado parcial, que es el 6.

392 . 2 = 78... y seguimos el procedimiento.

392 . 2 = 784

Por tanto, la respuesta final sería:

392 . 2 = 784

Ejemplo 3:

84725 . 2

84725 . 2 = 16...

84725 . 2 = 168...

84725 . 2 = 168(14)...

84725 . 2 = 1694...

84725 . 2 = 16944...

84725 . 2 = 16944(10)...

84725 . 2 = 169450

Por tanto:

84725 . 2 = 169450

1.5.3. Volvamos a la división por 5.

Ahora que sabemos cómo multiplicar por 2 estamos listos para realizar cualquier división por 5. Les recordamos una vez más la regla de división por 5:

$$\frac{N}{5} = \frac{2N}{10} \tag{6}$$

Ejemplo:

$\frac{365}{5} = \dots$ Primero se multiplica por 2 y luego se divide por 10.

$365 . 2 = \dots$

$365 . 2 = 6\dots$

$365 . 2 = 6(12)\dots$

$365 . 2 = 72\dots$

$365 . 2 = 72(10)\dots$

$365 . 2 = 730$

Luego se divide por 10:

$\frac{730}{10} = 73$ Entonces,

$\frac{365}{5} = \mathbf{73}$

Veamos otros ejemplos, ahora con números decimales.

Ejemplo 1:

$\frac{8,38}{5} = \dots$

$8,38 . 2 =$

$8,38 . 2 = 16,\dots$

$8{,}38 \cdot 2 = 16{,}6\ldots$

$8{,}38 \cdot 2 = 16{,}6(16)\ldots$

$8{,}38 \cdot 2 = 16{,}76$

$\frac{16{,}76}{10} = 1{,}676$ Entonces,

$\mathbf{\frac{8{,}38}{5} = 1{,}676}$

Ejemplo 2:

$\frac{324{,}6}{5} = (324{,}6 \cdot 2) : 10 = 649{,}2 : 10 = 64{,}92$

Ejemplo 3:

$\frac{0{,}0032}{5} = (0{,}0032 \cdot 2) : 10 = 0{,}0064 : 10 = 0{,}00064$

En estos ejemplos que acabamos de ver, lo primero que hacemos es multiplicar por el número 2 y luego corremos la coma decimal un lugar a la izquierda del número obtenido, que es lo mismo que decir que dividimos por 10 el número obtenido en el primer paso.

A continuación, les proponemos resolver algunos ejercicios:

Divide por 5 los siguientes números, aplicando lo estudiado:

a) 423
b) 121432
c) 621240
d) 2,8
e) 32,1
f) 324,8
g) 143,22
h) 2314,31
i) 2233,44

1.5.4. ¿Cómo dividir por 25?

Dividir por 25 es igual a multiplicar por 4 y luego ese resultado se divide por 100.

$$\frac{N}{25} = \frac{4N}{100} \tag{7}$$

Ejemplo:

$\frac{3211}{25} = (3211 \cdot 4) : 100 = 12844 : 100 = 128,44$

El resultado es 128,44.

Les proponemos que analicen los siguientes ejemplos:

Ejemplo 1:

$\frac{7}{25} = \ldots$

$7 \cdot 4 = 28$ — El resultado se multiplica por 4.

$\frac{28}{100} = 0,28$ — Al dividir por 100 se corre la coma decimal dos lugares a la izquierda.

Ejemplo 2:

$\frac{275}{25} = \ldots$

$275 \cdot 4 = 1100$

$\frac{1100}{100} = 11,00$

El resultado es 11.

Ejemplo 3:

$\frac{8212}{25} = \ldots$

$8212 \cdot 4 = 32848$

$\frac{32848}{100} = 328,48$

Este ejemplo que te proponemos lo vamos a resolver mentalmente, aplicando la regla de la división por 25 que te hemos explicado.

Divide $\frac{1111}{25} = \ldots$

4444 — Multiplico por 4 el resultado.

44,44 — Se divide el número por 100.

Ahora realizaremos divisiones por 25, en este caso con números decimales y por supuesto, utilizando el procedimiento anterior.

Ejemplo 1:

$\frac{320,1}{25} = (320,1 \cdot 4) : 100 = 1280,4 : 100 = 12,804$

Ejemplo 2:

$\frac{910,21}{25} =$

$910,21 \cdot 4 = 3640,84$ — Primero multiplicamos por 4.

$\frac{3640,84}{100} = 36,4084$ — En la división por 100, corremos la coma dos lugares a la izquierda.

El resultado es 36,4084.

Ejemplo 3:

$\frac{0,11}{25} =$

$0,11 \cdot 4 = 0,44$

$\frac{0,44}{100} = 0,0044$

Ahora vamos a resolverlo directamente aplicando el algoritmo

Ejemplo 4:

$\frac{1240,2}{25} =$

$= 4960,8$ — Multiplicamos por 4.

$= 49,608$ — Dividimos por 100.

Ejemplo 5:

$\frac{912,12}{25} = \frac{3648,48}{100} = 36,4848$

Con la práctica serás capaz de resolver estos cálculos mentalmente.

Ya estás en condiciones de resolver los siguientes ejercicios aplicando la regla de la división por 25.

Divide por 25 los siguientes números:

a) 14
b) 159
c) 4215
d) 4121
e) 38122
f) 34,13
g) 346,2
h) 111,222
i) 201,202

1.5.5. ¿Cómo dividir por 12,5?

Si queremos dividir un número por 12,5 lo multiplicamos por 8 y el resultado lo dividimos por 100.

$$12,5N = \frac{8N}{100} \tag{8}$$

$\frac{3000}{12,5} = (3000 \cdot 8) : 100 = 24000 : 100 = 240$

Veamos otros ejemplos.

Ejemplo 1:

$\frac{14}{12,5} = \ldots$

$= 14 \cdot 8 = 112$ — Multiplicamos por 8.

$= \frac{112}{100} = 1,12$ — Al dividir por 100 se corre la coma dos lugares a la izquierda.

Ejemplo 2:

$\frac{210}{12,5} = (210 \cdot 8) : 100 = 1680 : 100 = 16,80$

El resultado es 16,8.

Ejemplo 3:

$\frac{9110}{12,5} = (9110,8) : 100 = 72880 : 100 = 728,80$

El resultado es 728,8.

Estos ejercicios los podemos resolver también directamente si aplicamos el algoritmo.

Ejemplo 4:

Divide $\frac{110}{12,5} = \ldots$

880 — Multiplicamos por 8.

8,8 — Dividimos por 100.

Ejemplo 5:

$\frac{211}{12,5} = \ldots$

1688 — Multiplicamos por 8.

16,88 — Dividimos por 100.

Dividiremos ahora, números decimales por 12,5

Ejemplo 1:

$\frac{10,02}{12,5} = \ldots$

$10,02 \cdot 8 = 80,16$ — Multiplicamos por 8 el resultado.

$80,16 : 100 = 0,8016$ — Se corre la coma dos lugares a la izquierda.

El resultado es 0,8016.

Ejemplo 2:

$\frac{121,1}{12,5} = (121,1 \cdot 8) : 100 = 968,8 : 100 = 9,688$

El resultado es 9,688.

Ejemplo 3:

$\frac{0,31}{12,5} = (0,31 \cdot 8) : 100 = 2,48 : 100 = 0,0248$

El resultado es 0,0248.

Resuélvelo mentalmente, siempre aplicando el algoritmo:

$\frac{20,01}{12,5} = \ldots$

160,08 — Multiplicamos por 8.

1,6008 — Dividimos por 100.

Te proponemos que ejercites el contenido estudiado.

Divide por 12,5 los números siguientes:

a) 11
b) 34
c) 510
d) 4000
e) 4211
f) 12,1
g) 21,1
h) 300,11

2. Multiplicaciones complejas.

En el año 2006 participé por primera vez en un Campeonato Mundial, celebrado en la ciudad alemana de Giessen. Desde entonces, he visto a los calculistas profesionales utilizar los métodos que serán propuestos en este capítulo. Me atrevo a afirmar que los algoritmos que verán a continuación son considerados, por los mejores calculistas del mundo, como los más óptimos que existen para realizar multiplicaciones de números grandes.

2.1. Multiplicación de números de 2 cifras.

Comencemos por conocer cómo se multiplican dos números de 2 cifras. La respuesta se obtiene de derecha a izquierda en sólo tres simples pasos:

Ejemplo 1:

```
  76
X 42
3192
```

Paso 1: Multiplicar los dígitos en la cifra de las unidades (6x2=12). Se escribe el 2 como respuesta parcial y se acarrea 1 al próximo paso.

Paso 2: Multiplicar cruzado cada cifra de las decenas de un número con la cifra de las unidades del otro y sumar el acarreo anterior (7x2 + 1 + 6x4 = 39). Se escribe el 9 a la izquierda del resultado parcial.

Paso 3: Multiplicar los dígitos en la cifra de las decenas y sumar el acarreo anterior (7x4 + 3 = 31). Se escribe 31 a la izquierda del resultado parcial y se obtiene el resultado final 3192.

Ejemplo 2:

```
  38 — Paso 1: 8x5 = 40
X 65 — Paso 2: 3x5+4+8x6 = 67
2470 — Paso 3: 3x6+6 = 24
```

Ahora intenta practicar por tí mismo con los siguientes ejercicios:

a) 72 x 16 =
b) 68 x 53 =
c) 94 x 49 =
d) 61 x 86 =
e) 98 x 97 =

2.2. Multiplicación de números de 3 cifras.

Para multiplicar números de 3 cifras sólo se requiere aplicar 5 simples pasos:

629
X 508
319532

Paso 1: 9x8 = 72
Paso 2: 2x8 + 7 + 9x0 = 23
Paso 3: 6x8 + 2 + 2x0 + 9x5 = 95
Paso 4: 6x0 + 9 + 2x5 = 19
Paso 5: 6x5 + 1 = 31

A continuación te proponemos algunos ejercicios para el trabajo individual:

a) 718 x 426 =
b) 395 x 174 =
c) 686 x 751 =
d) 256 x 794 =
e) 975 x 928 =

2.3. Multiplicación de números de 4 cifras.

Para multiplicar números de 4 cifras sólo se requiere aplicar 7 simples pasos:

3571
X 2384
8513264

Paso 1: 1x4 = 4
Paso 2: 7x4 + 1x8 = 36
Paso 3: 5x4 + 3 + 7x8 + 1x3 = 82
Paso 4: 3x4 + 8 + 5x8 + 7x3 + 1x2 = 83
Paso 5: 3x8 + 8 + 5x3 + 7x2 = 61
Paso 6: 3x3 + 6 + 5x2 = 25
Paso 7: 3x2 + 2 = 8

A continuación te proponemos algunos ejercicios para el trabajo individual:

a) 6305 x 2012 =
b) 1784 x 3529 =
c) 5912 x 6132 =
d) 4473 x 9087 =
e) 7613 x 4808 =
f) 9927 x 9241 =

2.4. Multiplicación de números de 8 cifras.

Es típico encontrar el siguiente tipo de ejercicio en las competencias mundiales de Cálculo Mental:

```
  49347632
X 20581874
```

A los calculistas sólo se nos permite escribir la respuesta en el papel sin poder ni siquiera escribir algún resultado parcial. Dado que hablamos de multiplicar dos números de 8 cifras cada uno muchos se preguntan. . . ¿Pero cómo lo hacen?

La respuesta, por difícil que parezca, es SENCILLA. A través del método de "Multiplicación Cruzada" (*cross multiplication* en inglés) la respuesta se va calculando a cada paso. Describamos el proceso:

```
  49347632
X 20581874
         8  (multiplicamos 2 x 4 = 8 y escribimos 8 en la última cifra)
```

```
  49347632
X 20581874
        68  (3 x 4 + 7 x 2 = 26, coloco el 6 y llevo 2 de acarreo)
```

```
  49347632
X 20581874
       368  (6 x 4 + 3 x 7 + 8 x 2 + 2 de acarreo anterior = 63, coloco 3 y llevo 6 de acarreo)
```

```
  49347632
X 20581874
      2368  (7 x 4 + 6 x 7 + 8 x 3 + 1 x 2 + 6 = 102, coloco 2 y llevo 10)
```

```
  49347632
X 20581874
     22368  (4 x 4 + 7 x 7 + 6 x 8 + 1 x 3 + 8 x 2 + 10 = 142, coloco 2 y llevo 14)
```

```
  49347632
X 20581874
    022368  (3 x 4 + 4 x 7 + 7 x 8 + 1 x 6 + 8 x 3 + 5 x 2 + 14 = 150)
```

```
  49347632
X 20581874
   4022368  (9 x 4 + 3 x 7 + 4 x 8 + 7 x 1 + 8 x 6 + 5 x 3 + 0 x 2 + 15 = 174)
```

```
  49347632
X 20581874
  44022368  (4 x 4 + 9 x 7 + 3 x 8 + 4 x 1 + 8 x 7 + 5 x 6 + 0 x 3 + 2 x 2 + 17 = 214)
```

```
        49347632
   X 20581874
    744022368  (4 x 7 + 9 x 8 + 3 x 1 + 4 x 8 + 5 x 7 + 0 x 6 + 2 x 3 + 21 = 197)
```

```
        49347632
   X 20581874
   6744022368  (4 x 8 + 9 x 1 + 3 x 8 + 5 x 4 + 0 x 7 + 2 x 6 + 19 = 116)
```

```
        49347632
   X 20581874
  66744022368  (4 x 1 + 9 x 8 + 3 x 5 + 0 x 4 + 2 x 7 + 11 = 116)
```

```
        49347632
   X 20581874
 666744022368  (4 x 8 + 9 x 5 + 0 x 3 + 2 x 4 + 11 = 96)
```

```
        49347632
   X 20581874
5666744022368  (4 x 5 + 9 x 0 + 2 x 3 + 9 = 35)
```

```
        49347632
   X 20581874
15666744022368  (4 x 0 + 2 x 9 + 3 = 21)
```

```
        49347632
   X 20581874
1015666744022368  (4 x 2 + 2 = 10)
```

Luego 1015666744022368 será la respuesta final.

Lo genial de estos algoritmos es que puedes calcular la respuesta simplemente multiplicando y sumando números pequeños. Aconsejamos a los que empiezan en el mundo del cálculo mental que comiencen haciendo multiplicaciones de 2 por 2 y de 3 por 3 y así irán ganando confianza poco a poco. En cualquier caso estaremos en presencia de la manera más fácil de calcular multiplicaciones complejas.

3. Cómo dividir más fácil y más rápido.

Desde los primeros años de la enseñanza en que se comienza a estudiar la división, ésta resulta difícil para los alumnos. Pero a medida que esta operación matemática se torna más compleja (que es cuando se obtienen resultados no exactos, es decir, con cifras decimales) la dificultad para los educandos aumenta, pues el cálculo resulta más trabajoso, especialmente cuando los períodos de los cocientes son más extensos.

Nuestro objetivo es crear un algoritmo para dividir más fácil y rápido, contando además con seguridad en el cálculo obtenido.

Si memorizamos una serie de dígitos, es posible dividir a una velocidad increíble.

En general, si dividimos un número por **"n"** el resultado tendrá a lo sumo **n−1** cifras de longitud en el período (Ej: 45/7=6,428571 período $\overline{428571}$, el cual tiene longitud 6). Esto se debe porque en algún momento algún resto intermedio en la división volverá a ser el mismo y de ahí en adelante los resultados se repetirían una y otra vez. Recuerda que sólo es posible que los restos de la división sean: 1,2,3,...,n−1; si da resto 0 se acaba la división inmediatamente y no hay período alguno alcanzándose el resultado exacto. Hay algunos números que al dividir por ellos no necesariamente dan períodos de longitud n−1, por ejemplo:

Si divido un número por 3: el período de longitud es 1 (ya que se repite el mismo dígito del período).

14 / 3 = 4,6 período $\overline{6}$ (período de longitud uno).

Si divido un número por 11: el período de longitud es 2 (pues se repiten los mismos dos dígitos del período).

226 / 11 = 20,54 período $\overline{54}$ (período de longitud dos).

Sin embargo hay otros números como el 17 y el 23 donde las fracciones que no son exactas está comprobado que siempre tienen período de longitud 16 y 22 respectivamente.

Por ejemplo:

Supongamos que queremos dividir por 17. Si dividimos 1/17 = 0.0588235294117647058235294117647... o lo que es lo mismo 0.0588235294117647 período $\overline{0588235294117647}$, luego si memorizamos esa cadena de longitud 16 (0588235294117647) podremos saber rápidamente el resultado.

Demostremos con el siguiente ejemplo:

Supongamos que alguien nos pregunte cuanto es 61 dividido por 17

61/17 = 3,... dividimos 61 por 17 da 3 y resto 10 = 61−17.3, luego agregamos un 0 (nota: ve haciendo la división en un papel para que veas el proceso junto a mi explicación), dividimos 100/17 y obtenemos 5 con resto 15 (3,5... es el resultado parcial), luego 150/17 es igual a 8 con resto 14 (si hubiese dado 10 o 15 de resto ya se hubiesen repetido la secuencia, pero ya dijimos anteriormente que las fracciones con denominador 17 tienen siempre período 16). Ya en este momento pudiera tenerse la respuesta completa debido a la información que tenemos del resultado parcial

$$61 \ / \ 17 = 3{,}58\ldots$$

¿Cómo lo hacemos? Pues sencillo, buscamos en la secuencia 0588235294117647 donde se ubica lo que esta después de la coma, 58 en este caso, y notamos que es en la 2da y 3ra cifra, luego somos capaces de poner el resultado final que es:

$$61 \ / \ 17 = 3{,}5882352941176470 \text{ período } \overline{5882352941176470} \text{ (notarán que el período es circular).}$$

Luego si memorizamos el período para 17 sólo necesitamos hallar dos cifras después de la coma (en vez de 16 cifras o quizás más para darnos cuenta de que se repiten) para obtener el resultado final.

En el caso de 23 la secuencia es 0434782608695652173913, luego si dividimos:

$518/23 = 22.52...$ Sabremos al instante que la respuesta completa será:

$$518/23 = 22.5217391304347826086956 \text{ período } \overline{5217391304347826086956}.$$

Evidentemente, el hecho de tener que memorizar cada secuencia es poco factible, pero haciendo un estándar con todas las secuencias de los dividendos menores que 50, mediante una tabla que le ofrecemos a continuación, eso haría de la división la operación más fácil de todas en lugar de la más difícil como resulta hasta ahora.

Divisor	Período
1,2,4,5,8,10,16,20,25,32,40,50	Vacío (no hay período alguno)
3,6,12,15,24,30,48	$\overline{3}, \overline{6}$
7,14,28,35	$\overline{142857}$
9,18,36,45	$\overline{1}, \overline{2}, \overline{3}, \overline{4}, \overline{5}, \overline{6}, \overline{7}, \overline{8}$
11,22,44	$\overline{09}, \overline{18}, \overline{27}, \overline{36}, \overline{45}$
13,26	$\overline{076923}, \overline{153846}$
17,34	$\overline{0588235294117647}$
19,38	$\overline{052631578947368421}$
21,42	$\overline{047619}, \overline{095238}, \overline{142857}, \overline{3}, \overline{6}$
23,46	$\overline{0434782608695652173913}$
27	$\overline{037}, \overline{074}, \overline{1}, \overline{148}, \overline{185}, \overline{2}, \overline{259}, \overline{296}, \overline{3}, \overline{4}, \overline{5}, \overline{6}, \overline{7}, \overline{8}$
29	$\overline{0344827586206896551724137931}$
31	$\overline{032258064516129}, \overline{096774193548387}$
33	$\overline{03}, \overline{06}, \overline{09}, \overline{12}, \overline{15}, \overline{18}, \overline{24}, \overline{27}, \overline{3}, \overline{36}, \overline{39}, \overline{45}, \overline{48}, \overline{57}, \overline{6}, \overline{69}, \overline{78}$
37	$\overline{027}, \overline{054}, \overline{081}, \overline{135}, \overline{162}, \overline{189}, \overline{243}, \overline{297}, \overline{378}, \overline{459}, \overline{486}, \overline{567}$
39	$\overline{025641}, \overline{051282}, \overline{076923}, \overline{153846}, \overline{179487}, \overline{3}, \overline{358974}, \overline{6}$
41	$\overline{02439}, \overline{04878}, \overline{07317}, \overline{09756}, \overline{12195}, \overline{14634}, \overline{26829}, \overline{36585}$
43	$\overline{023255813953488372093}, \overline{046511627906976744186}$
47	$\overline{0212765957446808510638297872340425531914893617}$
49	$\overline{020408163265306122448979591836734693877551}, \overline{142857}$

Tabla de períodos hasta el 50.

4. Cálculo de raíces de un número de seis cifras.

Se realizan competencias de cálculo rápido, como es el Campeonato Mundial de Cálculo Mental que establece reglas para las competencias. Debes resolver diez ejercicios de raíces cuadradas en un tiempo de diez minutos, por lo que dispones de un minuto para resolver cada ejercicio.

Calcularemos raíces cuadradas de números de seis cifras, con una exactitud de cinco cifras después de la coma decimal.

Si utilizas un método convencional no te resultará fácil, pero con otros métodos eficientes, esto puede hacerse.

Uno de estos métodos, para mí el mejor, es el Método del Sistema Numérico Dúplex (número D), el cual consiste en lo siguiente:

Para obtener un número Dúplex el procedimiento consiste en multiplicar el primer dígito con el último dígito; el segundo dígito con el penúltimo y así sucesivamente. Para una cantidad par de cifras se suman todos los productos y se multiplica el resultado por 2. Para una cantidad impar de cifras se suman todos los productos (excepto el dígito del medio), se multiplica el total por 2 y se adiciona el cuadrado del dígito del medio.

Veamos el procedimiento con un ejemplo y verán que no es imposible hacerlo.

Ejemplos:

Número	Número D (Dúplex)
5	$5 \cdot 5 = 25$
34	$(3 \cdot 4) \cdot 2 = 24$
428	$(4.8) \cdot 2 + 2.2 = 68$
354	$(3.4) \cdot 2 + 5.5 = 49$
7495	$(7.5 + 4.9) \cdot 2 = 71.2 = 142$
4321	$(4.1 + 3.2) \cdot 2 = 20$
2356	$(2.6 + 3.5) \cdot 2 = 27.2 = 54$
26937	$(2.7 + 6.3) \cdot 2 + 9.9 = 32.2 + 81 = 145$
13542	$(1.2 + 3.4) \cdot 2 + 5.5 = 14.2 + 25 = 53$
231426	$(2.6 + 3.2 + 1.4) \cdot 2 = 22.2 = 44$
1234321	$(1.1 + 2.2 + 3.3) \cdot 2 + 4.4 = 14.2 + 16 = 44$

Después de entender la definición del número Dúplex y haber analizado los ejemplos anteriores, calcularemos la raíz cuadrada de 530179.

Comenzando por el dígito de las unidades, agruparemos cada dos dígitos, como se forman tres grupos, sabremos que el valor entero de la raíz que calcularemos será un número que tendrá tres cifras antes de la coma decimal.

Veamos el ejemplo:
$\sqrt{530179}$

53 01 79 — Determinamos la raíz entera más cercana y menor que la raíz de 53. En este caso es 7; pues 7 . 7 = 49

7. . .
53 01 79 — Colocamos el número 7 encima del número 53.

— El número 7 lo multiplicamos por 2, es decir, 7 . 2 = 14
(El número 14 será para todos los cálculos en este ejercicio nuestro DIVISOR)

7. . .
53 01 79

53 – 49 = 4 — Restamos el número 49, pues ese es el cuadrado del número 7.
40 — Este número se forma con el resto anterior y el número 0 del siguiente grupo.

40 / 14 = 2 y el resto es 12.

72. . .
53 01 79 — Ahora colocamos el número 2, formando el 72. . . como RESPUESTA PARCIAL.

121 — Este número se forma del resto de la división por 14 (en este caso 12) y el segundo dígito del segundo grupo.

Aquí se aplica lo que aprendimos del número Dúplex. Calculamos el Dúplex a la respuesta parcial, excepto al primer número (el procedimiento es siempre el mismo). Dúplex de 2 es 2.2=4

121 – 4 = 117 — Le restamos a 121 el número Dúplex resultado (4 en este caso).

117 / 14 = 8 y el resto es 5.

Coloco el cociente de la división en mi RESPUESTA PARCIAL, en mi ejemplo tengo formado el número 728.

728. . .
53 01 79

57 – 32 = 25 — El número 57 se formó del resto de la división de 117 / 14 y el número 7 que es el primer dígito del tercer grupo del número al que le estamos calculando la raíz cuadrada.

Calculo el número Dúplex de 28, sería (2 . 8) . 2 = 32

Como se dijo inicialmente, mi resultado es un número que tiene tres dígitos antes de la coma decimal, entonces escribimos ahora la coma decimal.

25 / 14 = 1 y el resto es 11.

Coloco el cociente de la división en la RESPUESTA PARCIAL. En mi ejemplo tengo hasta el momento como respuesta parcial el número 728,1.

728,1...
53 01 79

119 — Se forma del resto de la división por 14 y el número 9 es el segundo dígito del tercer grupo.

119 – 68 = 51 — Calculo el Dúplex de 281 = (2 .1).2 + 8 . 8 = 4 + 64 = 68

51 / 14 = 3 y el resto es 9.
El cociente 3 lo coloco en la RESPUESTA PARCIAL.

728,13...
53 01 79

Dijimos que se calcularía la raíz cuadrada con una exactitud de cinco lugares después de la coma decimal, a partir de ahora para formar el número al que le debo restar el número Dúplex, se le coloca un 0 al lado del número que tengo como resto.

90

90 – 28 = 62 — Calculo el Dúplex de 2813 = (2 .3 +8 . 1) . 2 = (6 + 8) . 2 = 28

62 / 14 = 4 y de resto 6 — 62 / 14 = 4 y el resto es 6.
El cociente 4 lo coloco en la RESPUESTA PARCIAL.

60 – 65 = n/s — Calculo el Dúplex de 28134 = (2 . 4 + 8 . 3) . 2 + 1 . 1 = 65

Como 60 es menor que 65 no se puede hacer la sustracción (en el conjunto de los números naturales). Cuando nos suceda esto, reducimos en 1 el cociente anterior, en nuestro ejemplo el cociente de 62 / 14 que es 4 lo reducimos al número 3 y aumento el resto, quedando de esta forma:

62 / 14 = 3 y el resto es 20.

Cambio el último dígito de mi RESPUESTA PARCIAL. En este caso era 4 pero al reducir en 1 el cociente ahora el 4 lo cambio por 3.

728,133...
53 01 79

200 — Agrego un 0 al resto.
200 – 61 = 139 — Calculo el Dúplex de 28133 = (2.3+8.3).2+1.1 = (6+24).2+1 = 61

139 / 14 = 9 y el resto es 13.
El cociente 9 lo coloco en la RESPUESTA PARCIAL.

728,1339...
53 01 79

130 — Agrego un cero al resto

$130 - 90 = 40$ — Calculo el Dúplex de $281339 = (2 \cdot 9 + 8 \cdot 3 + 1 \cdot 3) \cdot 2 = (18 + 24 + 3) \cdot 2 = 90$

$40 / 14 = 2$ y el resto es 12.
El cociente 2 lo coloco en la RESPUESTA PARCIAL.

120 — Agrego un cero al resto.

$120 - 167 = n/s$ — Calculo el Dúplex de $2813392 = (2 \cdot 2 + 8 \cdot 9 + 1 \cdot 3) \cdot 2 + 3 \cdot 3 = (4 + 72 + 3) \cdot 2 + 9 = 167$

Como 120 es menor que 167 entonces disminuyo en 1 el cociente anterior.

$40 / 14 = 1$ y el resto es 26 — El último dígito de mi respuesta lo reduzco en 1.

728,13391...
53 01 79

$260 - 163 = 97$ — Calculo el Dúplex de $2813391 = (2 \cdot 1 + 8 \cdot 9 + 1 \cdot 3) \cdot 2 + 3 \cdot 3 = (2 + 72 + 3) \cdot 2 + 9 = 163$

Luego, 97 se puede dividir por 14 así que, finalmente la respuesta parcial hasta la octava cifra es 728,13391. (Esta respuesta parcial no está aún redondeada).

5. El calendario perpetuo.

5.1. Breve Historia:

Fue el gran emperador Julio César quién sustituyó el calendario egipcio, que se basaba en exactamente 365 días, por un nuevo calendario, llamado calendario juliano, con un año promedio de 365.25 días, el cual contenía un año bisiesto de 366 días cada cuatro años para ajustar de ese modo el largo de los años. Sin embargo, cálculos posteriores reflejaron que el período de rotación de la Tierra es de 365.2422 días aproximadamente.

No fue hasta 1582 que el papa Gregorio consideró que los años bisiestos serían exactamente los múltiplos de 4, exceptuando aquellos que son divisibles por 100, de los cuales sólo serían bisiestos los divisibles por 400. Con este arreglo se logra un promedio anual de 365.2425 días, el cual es más cercano al real y se utiliza actualmente.

5.2. Lema fundamental en la obtención del algoritmo.

En esta sección propondremos un lema que nos ayudará a elaborar el algoritmo:

Lema: Cada cuatrocientos años los días de la semana coinciden.

Vean qué interesante. Imagínense que si conocemos el día en que fue publicada la novela de "El Quijote" por Cervantes, podríamos saber qué día de la semana sucedió con un simple almanaque del año 2005, pues fue publicada exactamente 400 años antes; en 1605.

Conociendo el lema anterior sólo necesitamos crear un algoritmo válido para un intervalo de cuatrocientos años.

5.3. Valores a memorizar.

El algoritmo que mostraremos luego es bien sencillo. Sólo necesitaremos memorizar unos pocos valores.

Mes	Valor
Enero	5
Febrero	1
Marzo	1
Abril	4
Mayo	6
Junio	2
Julio	4
Agosto	0
Septiembre	3
Octubre	5
Noviembre	1
Diciembre	3

Tabla 1. Tabla de valores asociados a cada mes.

Para cada siglo también tendremos que memorizar algunos valores:

Siglo	Valor
1700–1799	5
1800–1899	3
1900–1999	1
2000–2099	0

Tabla 2. Tabla de valores asociados a cada siglo.

5.4. El algoritmo.

Entrada: f (d/m/a).

Sean:
Suma = 0. // Inicialicemos la suma actual.
Año = [a mod 100] (resto de la división de **a** entre 100).
Siglo = [a/100]
T1: valores de la tabla1. (Enero = 5, Febrero = 1,..., Diciembre = 3).
T2: valores de la tabla2. // Comienza a indexarse en 0.
E: enumeración de los días de la semana (Domingo=0, Lunes=1, Martes=2, Miércoles=3, Jueves=4, Viernes=5, Sábado=6)
Respuesta = ?
Suma = Año + [Año/4] + 1
Si Año mod 4 = 0 y m = 2
Suma = Suma – 1 // Aquí le quito el 29/2/2000+Año que todavía no ha transcurrido.
Suma = Suma + d + T1[m] + T2[Siglo].
Si Año = 0 y Siglo mod 4 = 0 y m = 2
Suma = Suma + 1
Respuesta = E^{-1}(Suma mod 7)

Ejemplo 1:

28 de enero de 1853:
Entrada: f (28/1/1853)
Suma = 53 + [53/4] + 1 + 28 + T1 [enero] + T2 [1800–1899].
Suma = 53 + 13 + 1 + 28 + 5 + 3 = 103.

Al dividir 103 entre 7 el resto de la división es 5 (103 mod 7 = 5)
Respuesta = E^{-1}(5). Si obtengo 5 es porque fue **Viernes.**

El Apóstol José Martí, Héroe Nacional de Cuba, nació un **Viernes.**

Ejemplo 2:

14 de julio de 1789:
Entrada: f (14/7/1789)
Suma = 89 + [89/4] + 1 + 14 + T1 [julio] + T2 [1700–1799].
Suma = 89 + 22 + 1 + 14 + 4 + 5 = 135.
Al dividir 135 entre 7 el resto de la división es 2 (135 mod 7 = 2)
Respuesta = $E^{-1}(2)$. Si obtengo 2 es porque fue **Martes**.

La Toma de la Bastilla ocurrió un **Martes**.

Ejemplo 3:

26 de abril de 2082:
Entrada: f (26/4/2082)
Suma = 82 + [82/4] + 1 + 26 + T1 [abril] + T2 [2000–2099].
Suma = 82 + 20 + 1 + 26 + 4 + 0 = 133.
Al dividir 133 entre 7 el resto de la división es 0 (133 mod 7 = 0)
Respuesta = $E^{-1}(0)$. Si obtengo 0 es porque será **Domingo**.

Mi centenario será un **Domingo**.

Está demostrado que este algoritmo supera a otros existentes, pues realiza un bajo número de operaciones aritméticas. En el orden personal, utilizando este método he logrado convertirme en el recordista mundial de la modalidad al calcular 93 fechas en 1 minuto.

Deseo de todo corazón que este libro haya servido para motivarte a estudiar seriamente el cálculo aritmético. Con práctica de seguro podrías mejorar alrededor de siete veces tu agilidad mental. Te deseo buena suerte en la hermosa travesía numérica que apenas comienzas.

6. Respuestas a ejercicios propuestos.

Epígrafe 1.3.3

a) $825 . 5 = \frac{825}{2} . 10 = 412,5 . 10 = 4125$

b) $42362 . 5 = \frac{42362}{2} . 10 = 21181 . 10 = 211810$

c) $3242446 . 5 = \frac{3242446}{2} . 10 = 1621223 . 10 = 16212230$

d) $102 . 5 = \frac{102}{2} . 10 = 51 . 10 = 510$

e) $1004 . 5 = \frac{1004}{2} . 10 = 502 . 10 = 5020$

f) $305,4 . 5 = \frac{305,4}{2} . 10 = 152,7 . 10 = 1527$

g) $1084,24 . 5 = \frac{1084,24}{2} . 10 = 542,12 . 10 = 5421,2$

h) $0,42 . 5 = \frac{0,42}{2} . 10 = 0,21 . 10 = 2,1$

i) $14,87 . 5 = \frac{14,87}{2} . 10 = 7,435 . 10 = 74,35$

j) $14,846 . 5 = \frac{14,846}{2} . 10 = 7,423 . 10 = 74,23$

Epígrafe 1.3.4

a) $16 . 25 = \frac{16}{4} . 100 = 4 . 100 = 400$

b) $52 . 25 = \frac{52}{4} . 100 = 13 . 100 = 1300$

c) $124 . 25 = \frac{124}{4} . 100 = 31 . 100 = 3100$

d) $400 . 25 = \frac{400}{4} . 100 = 100 . 100 = 10000$

e) $24,48 . 25 = \frac{24,48}{4} . 100 = 6,12 . 100 = 612$

f) $12,24 . 25 = \frac{12,24}{4} . 100 = 3,06 . 100 = 306$

Epígrafe 1.3.5

a) $24 . 12,5 = \frac{24}{8} . 100 = 3 . 100 = 300$

b) $48 . 12,5 = \frac{48}{8} . 100 = 6 . 100 = 600$

c) $32 . 12,5 = \frac{32}{8} . 100 = 4 . 100 = 400$

d) $72 \cdot 12{,}5 = \frac{72}{8} \cdot 100 = 9 \cdot 100 = 900$

e) $3248 \cdot 12{,}5 = \frac{3248}{8} \cdot 100 = 406 \cdot 100 = 40600$

f) $7288 \cdot 12{,}5 = \frac{7288}{8} \cdot 100 = 911 \cdot 100 = 91100$

g) $16{,}96 \cdot 12{,}5 = \frac{16{,}96}{8} \cdot 100 = 2{,}12 \cdot 100 = 212$

h) $248{,}4 \cdot 12{,}5 = \frac{248{,}4}{8} \cdot 100 = 31{,}05 \cdot 100 = 3105$

Epígrafe 1.4.1

a) $26 \cdot 11 = 2(2+6)6 = 286$

b) $45 \cdot 11 = 4(4+5)5 = 495$

c) $83 \cdot 11 = 8(8+3)3 = 913$

d) $64 \cdot 11 = 6(6+4)4 = 704$

e) $78 \cdot 11 = 7(7+8)8 = 858$

f) $96 \cdot 11 = 9(9+6)6 = 1056$

g) $429 \cdot 11 = \ldots 9 = \ldots (2+9)9 = \ldots 19 = \ldots (4+2+1)19 = \ldots 719 = 4719$

h) $62937 \cdot 11 = 6(6+2+1)(2+9+1)(9+3+1)(3+7)7 = 692307$

i) $84703 \cdot 11 = (8+1)(8+4+1)(4+7)(7+0)(0+3)3 = 931733$

j) $3904168265 \cdot 11 = (3+1)(3+9)(9+0)(0+4)(4+1)(1+6+1)(6+8+1)(8+2)(2+6+1)(6+5)5 = 42945850915$

Epígrafe 1.4.2

a) $718 \cdot 22 = [7.2+1][(7+1).2+1][(1+8).2+1][8.2] = 15796$

b) $6603 \cdot 55 = [6.5+6][(6+6).5+3][(6+0).5+1][(0+3).5+1][3.5] = 363165$

c) $38247 \cdot 77 = [3.7+8][(3+8).7+7][(8+2).7+5][(2+4).7+8][(4+7).7+4][7.7] = 2945019$

d) $5082643 \cdot 99 = [5.9+5][(5+0).9+8][(0+8).9+9][(8+2).9+8][(2+6).9+9][(6+4).9+6][(4+3).9+2][3.9]$
$= 503181657$

Epígrafe 1.4.3

a) $18 \cdot 45 = 18 \cdot (50 - 5) = 900 - 90 = 810$

b) $21 \cdot 54 = 21 \cdot (60 - 6) = 1260 - 126 = 1134$

c) $15 \cdot 63 = 15 \cdot (70 - 7) = 1050 - 105 = 945$

d) $34 \cdot 27 = 34 \cdot (30 - 3) = 1020 - 102 = 918$

e) $92 \cdot 36 = 92 \cdot (40 - 4) = 3680 - 368 = 3312$

f) $43 \cdot 45 = 43 \cdot (50 - 5) = 2150 - 215 = 1935$

g) $14 \cdot 54 = 14 \cdot (60 - 6) = 840 - 84 = 756$

h) $23 \cdot 63 = 23 \cdot (70 - 7) = 1610 - 161 = 1449$

i) $54 \cdot 72 = 54 \cdot (80 - 8) = 4320 - 432 = 3888$

j) $35 \cdot 81 = 35 \cdot (90 - 9) = 3150 - 315 = 2835$

k) $320 \cdot 27 = 320 \cdot (30 - 3) = 9600 - 960 = 8640$

l) $121 \cdot 45 = 121 \cdot (50 - 5) = 6050 - 605 = 5445$

m) $184 \cdot 45 = 184 \cdot (50 - 5) = 9200 - 920 = 8280$

n) $143 \cdot 36 = 143 \cdot (40 - 4) = 5720 - 572 = 5148$

1) $385 \cdot 5 = \frac{385}{2} \cdot 10 = 192{,}5 \cdot 10 = 1925$

2) $436 \cdot 5 = \frac{436}{2} \cdot 10 = 218 \cdot 10 = 2180$

3) $38{,}46 \cdot 5 = \frac{38{,}46}{2} \cdot 10 = 19{,}23 \cdot 10 = 192{,}3$

4) $602{,}8 \cdot 5 = \frac{602{,}8}{2} \cdot 10 = 301{,}4 \cdot 10 = 3014$

5) $488{,}4 \cdot 5 = \frac{488{,}4}{2} \cdot 10 = 244{,}2 \cdot 10 = 2442$

6) $2084{,}64 \cdot 5 = \frac{2084{,}64}{2} \cdot 10 = 1042{,}32 \cdot 10 = 10423{,}2$

7) $720 \cdot 25 = \frac{720}{4} \cdot 100 = 180 \cdot 100 = 18000$

8) $64 \cdot 25 = \frac{64}{4} \cdot 100 = 16 \cdot 100 = 1600$

9) $16{,}88 \cdot 25 = \frac{16{,}88}{4} \cdot 100 = 4{,}22 \cdot 100 = 422$

10) $32 \cdot 12,5 = \frac{32}{8} \cdot 100 = 4 \cdot 100 = 400$

11) $16 \cdot 12,5 = \frac{16}{8} \cdot 100 = 2 \cdot 100 = 200$

12) $111 \cdot 27 = 111 \cdot (30 - 3) = 3330 - 333 = 2997$

13) $26 \cdot 36 = 26 \cdot (40 - 4) = 1040 - 104 = 936$

14) $44 \cdot 63 = 44 \cdot (70 - 7) = 3080 - 308 = 2772$

15) $14 \cdot 18 = 14 \cdot (20 - 2) = 280 - 28 = 252$

16) $143 \cdot 45 = 143 \cdot (50 - 5) = 7150 - 715 = 6435$

17) $26 \cdot 54 = 26 \cdot (60 - 6) = 1560 - 156 = 1404$

18) $32 \cdot 72 = 32 \cdot (80 - 8) = 2560 - 256 = 2304$

19) $48 \cdot 81 = 48 \cdot (90 - 9) = 4320 - 432 = 3888$

20) $184 \cdot 27 = 184 \cdot (30 - 3) = 5520 - 552 = 4968$

21) $143 \cdot 18 = 143 \cdot (20 - 2) = 2860 - 286 = 2574$

Epígrafe 1.5.3

a) $\frac{423}{5} = (423 \cdot 2) : 10 = 846 : 10 = 84,6$

b) $\frac{121432}{5} = (121432 \cdot 2) : 10 = 242864 : 10 = 24286,4$

c) $\frac{621240}{5} = (621240 \cdot 2) : 10 = 1242480 : 10 = 124248$

d) $\frac{2,8}{5} = (2,8 \cdot 2) : 10 = 5,6 : 10 = 0,56$

e) $\frac{32,1}{5} = (32,1 \cdot 2) : 10 = 64,2 : 10 = 6,42$

f) $\frac{324,8}{5} = (324,8 \cdot 2) : 10 = 649,6 : 10 = 64,96$

g) $\frac{143,22}{5} = (143,22 \cdot 2) : 10 = 286,44 : 10 = 28,644$

h) $\frac{2314,31}{5} = (2314,31 \cdot 2) : 10 = 4628,62 : 10 = 462,862$

i) $\frac{2233,44}{5} = (2233,44 \cdot 2) : 10 = 4466,88 : 10 = 446,688$

Epígrafe 1.5.4

a) $\frac{14}{25} = (14 \cdot 4) : 100 = 56 : 100 = 0,56$

b) $\frac{159}{25} = (159 \cdot 4) : 100 = 636 : 100 = 6,36$

c) $\frac{4215}{25} = (4215 \cdot 4) : 100 = 16860 : 100 = 168,6$

d) $\frac{4121}{25} = (4121 \cdot 4) : 100 = 16484 : 100 = 164,84$

e) $\frac{38122}{25} = (38122 \cdot 4) : 100 = 152488 : 100 = 1524,88$

f) $\frac{34,13}{25} = (34,13 \cdot 4) : 100 = 136,52 : 100 = 1,3652$

g) $\frac{346,2}{25} = (346,2 \cdot 4) : 100 = 1384,8 : 100 = 13,848$

h) $\frac{111,222}{25} = (111,222 \cdot 4) : 100 = 444,888 : 100 = 4,44888$

i) $\frac{201,202}{25} = (201,202 \cdot 4) : 100 = 804,808 : 100 = 8,04808$

Epígrafe 1.5.5

a) $\frac{11}{12,5} = (11 \cdot 8) : 100 = 88 : 100 = 0,88$

b) $\frac{34}{12,5} = (34 \cdot 8) : 100 = 272 : 100 = 2,72$

c) $\frac{510}{12,5} = (510 \cdot 8) : 100 = 4080 : 100 = 40,8$

d) $\frac{4000}{12,5} = (4000 \cdot 8) : 100 = 32000 : 100 = 320$

e) $\frac{4211}{12,5} = (4211 \cdot 8) : 100 = 33688 : 100 = 336,88$

f) $\frac{12,1}{12,5} = (12,1 \cdot 8) : 100 = 96,8 : 100 = 0,968$

g) $\frac{21,1}{12,5} = (21,1 \cdot 8) : 100 = 168,8 : 100 = 1,688$

h) $\frac{300,11}{12,5} = (300,11 \cdot 8) : 100 = 2400,88 : 100 = 24,0088$

Epígrafe 2.1

a)   72 — Paso 1: 2x6 = 12
   X 16 — Paso 2: 7x6+1+2x1 = 45
   1152 — Paso 3: 7x1+4 = 11

b) 68 x 53 = 3604
c) 94 x 49 = 4606
d) 61 x 86 = 5246
e) 98 x 97 = 9506

Epígrafe 2.2

a)   718
    X 426
    305868

Paso 1: 8x6 = 48
Paso 2: 1x6 + 4 + 8x2 = 26
Paso 3: 7x6 + 2 + 1x2 + 8x4 = 78
Paso 4: 7x2 + 7 + 1x4 = 25
Paso 5: 7x4 + 2 = 30

b) 395 x 174 = 68730
c) 686 x 751 = 515186
d) 256 x 794 = 203264
e) 975 x 928 = 904800

Epígrafe 2.3

a)   6305
    X 2012
    12685660

Paso 1: 5x2 = 10
Paso 2: 0x2 + 1 + 5x1 = 6
Paso 3: 3x2 + 0x1 + 5x0 = 6
Paso 4: 6x2 + 3x1 + 0x0 + 5x2 = 25
Paso 5: 6x1 + 2 + 3x0 + 0x2 = 8
Paso 6: 6x0 + 3x2 = 6
Paso 7: 6x2 = 12

b) 1784 x 3529 = 6295736
c) 5912 x 6132 = 36252384
d) 4473 x 9087 = 40646151
e) 7613 x 4808 = 36603304
f) 9927 x 9241 = 91735407

49

www.ingramcontent.com/pod-product-compliance
Lightning Source LLC
Chambersburg PA
CBHW051059180526
45172CB00002B/702